sete breves lições de física

sete breves lições de física

carlo
rovelli

Tradução
Joana Angélica d'Avila Melo

Grafia atualizada segundo o Acordo Ortográfico da Língua Portuguesa de 1990, que entrou em vigor no Brasil em 2009.

Título original
Sette brevi lezioni di fisica

Capa
Margem + Mateus Acioli

Revisão técnica
Carlos Roberto Rabaça
Ph.D. em Astronomia pela The University of Alabama, Estados Unidos
Professor da UFRJ – Universidade Federal do Rio de Janeiro

Revisão
Tereza da Rocha
Ana Grillo
Cristhiane Ruiz

CIP-Brasil. Catalogação na fonte
Sindicato Nacional dos Editores de Livros, RJ

R776s
Rovelli, Carlo
Sete breves lições de física/ Carlo Rovelli; tradução Joana Angélica d'Avila Melo. – 1ª ed. – Rio de Janeiro: Objetiva, 2015.

Tradução de: Sette brevi lezioni di fisica.
ISBN 978-85-390-0709-7

1. Ciência – Filosofia. 2. Física. 3. Teoria do conhecimento. I. Título.

15-25082
CDD: 501
CDU: 501

6ª reimpressão

[2021]

EDITORA SCHWARCZ S.A.
Praça Floriano, 19, sala 3001 — Cinelândia
20031-050 — Rio de Janeiro — RJ
Telefone: (21) 3993-7510
www.companhiadasletras.com.br
www.blogdacompanhia.com.br
facebook.com/editoraobjetiva
instagram.com/editora_objetiva
twitter.com/edobjetiva

SUMÁRIO

PREMISSA

Estas lições foram escritas para quem não conhece ou conhece pouco a ciência moderna. Juntas, elas compõem um rápido panorama de alguns dos aspectos mais relevantes e fascinantes da grande revolução que ocorreu na física do século XX, e sobretudo das questões e dos mistérios que essa revolução apontou. Porque a ciência nos mostra como compreender melhor o mundo, mas também nos indica a vastidão daquilo que ainda não sabemos.

A primeira lição é dedicada à teoria da relatividade geral de Albert Einstein, "a mais bela das teorias". A segunda, à mecânica quântica, na qual se encontram os aspectos mais desconcertantes da física moderna. A terceira é dedicada ao cosmo: a arquitetura do universo que habitamos. A quarta, às partículas elementares. A quinta, à gravidade quântica: o esforço em andamento para construir uma síntese das grandes descobertas do século XX. A sexta, à probabilidade e ao calor dos buracos negros. A última seção do livro, em conclusão, retorna a nós mesmos e pergunta como conseguir pensar-nos no estranho mundo descrito por essa física.

As lições ampliam uma série de artigos publicados pelo autor no caderno "Domenica" do jornal *Il Sole 24 Ore*. O autor agradece especialmente a Armando Massarenti, que teve o mérito de abrir as páginas culturais daquele suplemento dominical à ciência, destacando o papel desta como parte integrante e vital da cultura.

PRIMEIRA LIÇÃO

A MAIS BELA DAS TEORIAS

Quando jovem, Albert Einstein passou um ano viajando. Quem não perde tempo não chega a lugar nenhum, coisa que, infelizmente, os pais dos adolescentes esquecem com frequência. Ele estava na cidade italiana de Pavia. Tinha ido ao encontro da família após abandonar os estudos na Alemanha, onde não suportava o rigor do liceu. Era o final do século XIX e, na Itália, o início da revolução industrial. O pai, engenheiro, instalava as primeiras centrais elétricas na planície do rio Pó. Albert lia Kant e, informalmente, assistia a aulas na Universidade de Pavia: como passatempo, sem estar matriculado nem fazer exames. É assim que se desenvolve um verdadeiro espírito de investigação.

Depois, se inscreveu na Universidade de Zurique e mergulhou na física. Poucos anos mais tarde, em 1905, enviou três artigos à principal revista científica da época, *Annalen der Physik*. Cada um dos três valia um Prêmio Nobel. O primeiro mostrava que os átomos existem de fato. O segundo abria a porta à mecânica quântica, da qual falarei na próxima lição. O terceiro apresentava sua primeira Teoria da Relatividade (hoje chamada "relatividade restrita"), a teoria que esclarece como o tempo não passa do mesmo jeito para todos: dois gêmeos que se reencontram constatam ter idades diferentes, se um dos dois tiver viajado velozmente.

Einstein se torna de repente um cientista renomado e recebe ofertas de trabalho de várias universidades. Mas algo o perturba: sua teoria da relatividade, por mais que tenha sido imediatamente celebrada, não se encaixa no que sabemos sobre a gravidade, isto é, sobre como as coisas caem. Ele se dá conta disso ao escrever uma resenha sobre sua teoria, e se pergunta se a antiga e pomposa "gravitação universal" do grande pai Newton não deve também ser revista, para tornar-se compatível com a nova relatividade. Mergulha no problema. Serão necessários dez anos para resolvê-lo. Dez anos de estudos enlouquecidos, tentativas, erros, confusão, artigos equivocados, ideias fulgurantes, ideias erradas. Finalmente, em novembro de 1915, ele publica um artigo com a solução completa: uma nova teoria da gravidade, à qual dá o nome de "teoria da relatividade geral", sua obra-prima. A "mais bela das teorias científicas", como a chamou o grande físico russo Lev Landau.

Existem obras-primas absolutas, que nos emocionam intensamente: o *Réquiem* de Mozart, a *Odisseia*, a Capela Sistina, *O rei Lear*... Captar-lhes o esplendor pode exigir um percurso de aprendizado. Mas o prêmio é a beleza pura. E não só: também se abre aos nossos olhos uma nova visão do mundo. A Relatividade Geral, a joia de Albert Einstein, é um desses prêmios.

Recordo minha emoção quando comecei a compreendê-la um pouco. Era verão. Eu estava numa praia da Calábria, em Condofuri, envolto pelo sol do helenismo mediterrâneo, na época do último ano de universidade. Os períodos de férias são aqueles nos quais estudamos melhor, porque não estamos distraídos pela escola. Eu estudava num livro de margens roídas por camundongos, porque o tinha usado para fechar as tocas desses pobres bichinhos, à noite, na casa avariada e um pouco hippie na colina úmbria aonde ia me refugiar do tédio das aulas universitárias de Bolonha. De vez em quando tirava os olhos do livro para observar a cintilação do mar: parecia-me ver a curvatura do espaço e do tempo imaginada por Einstein.

Era como uma mágica: como se um amigo me sussurrasse ao ouvido uma extraordinária verdade oculta, e de repente afastasse da realidade um véu, para revelar nela uma ordem mais simples e mais profunda. Quando aprendemos que a Terra é redonda e gira como um pião enlouquecido, compreendemos que a realidade não é como nos parece: a cada vez que entrevemos um novo pedaço dela é uma emoção. Mais um véu que cai.

Mas, entre todos os numerosos avanços do nosso saber, ocorridos um após outro no curso da história, aquele realizado por Einstein talvez seja sem igual. Por quê? Em primeiro lugar, porque a teoria, depois que compreendemos como funciona, é de uma simplicidade arrebatadora. Resumindo a ideia:

Newton havia procurado explicar a razão pela qual as coisas caem e os planetas giram. Imaginara uma "força" que atrai todos os corpos, um em direção a outro, e a denominara "força da gravidade". Como essa força conseguia atrair coisas que estão longe uma da outra, sem que houvesse nada no meio, não havia como saber, e o grande pai da ciência evitara cautelosamente arriscar hipóteses. Newton também havia imaginado que os corpos se movem no espaço e que o espaço é um grande recipiente vazio, um caixote para o universo. Uma imensa estante na qual os objetos deslizam em linha reta, até que uma força os leva a fazer uma curva. De que é feito esse "espaço", recipiente do mundo, inventado por Newton, isso tampouco havia como saber.

Mas, poucos anos antes do nascimento de Albert, dois grandes físicos britânicos, Faraday e Maxwell, tinham acrescentado um ingrediente ao frio mundo de Newton: o campo eletromagnético. O campo é uma entidade real difundida por toda parte, que transporta as ondas de rádio, preenche o espaço, pode vibrar e ondular como a superfície de um lago, e "leva consigo" a força elétrica. Einstein era fascinado desde jovem pelo campo eletromagnético, que fazia girarem os rotores das centrais elétricas construídas pelo pai, e logo compreendeu que também a gravidade, como a eletricidade, certamente é transportada por um campo: devia existir um "campo gravitacional", análogo ao campo eletromagnético; ele procura então compreender em que consistia esse campo gravitacional e quais equações poderiam descrevê-lo.

Eis que surge a ideia extraordinária, o puro gênio: o campo gravitacional não seria *difundido no* espaço; ele seria o próprio espaço. Essa é a ideia por trás da teoria da relatividade geral.

O "espaço" de Newton, no qual as coisas se movem, e o "campo gravitacional", que transporta a força de gravidade, são a mesma coisa.

É um momento de eureca. Uma simplificação impressionante do mundo: o espaço já não é algo diferente da matéria; é um dos componentes "materiais" do mundo. Uma entidade que ondula, que se flexiona, se curva, se retorce. Não estamos contidos numa invisível estante rígida: estamos imersos num gigantesco molusco flexível. O Sol dobra o espaço ao seu redor, e a Terra não gira em torno dele porque é puxada por uma misteriosa força, mas porque está correndo em linha num espaço que se inclina. Como uma bolinha rolando em um funil: não existem misteriosas "forças" geradas pelo centro do funil; é a natureza curva das paredes que faz a bolinha rolar. Os planetas giram em torno do Sol e as coisas caem porque o espaço se curva.

Como descrever esse encurvamento do espaço? O maior matemático do século XIX, Carl Friedrich Gauss, o "príncipe dos matemáticos", desenvolveu as equações para descrever as superfícies curvas bidimensionais, como a superfície das colinas. Depois pediu a um bom aluno seu que as generalizasse para espaços curvos de três ou mais dimensões. O aluno, Bernhard Riemann, produziu uma complicada tese de doutorado, daquelas que parecem completamente inúteis. O resultado era que as propriedades de um espaço curvo são capturadas por certo objeto matemático, que hoje denominamos curvatura de Riemann e indicamos por R. Einstein escreve uma equação que diz que R é proporcional à energia da matéria. Ou seja: o espaço se curva onde existe matéria. Só isso. A equação cabe em meia linha, nada mais. Uma visão — o espaço que se curva — e uma equação.

Mas dentro dessa equação há um universo cintilante. E aqui se abre a riqueza mágica da teoria. Uma sucessão fantasmagórica de predições que parecem os delírios de um louco, mas que foram todas comprovadas empiricamente.

Para começar, a equação descreve como o espaço se curva em torno de uma estrela. Por causa dessa curvatura, não só os planetas orbitam em torno da estrela, mas também a luz deixa de viajar em linha reta e se desvia. Einstein também prevê que o tempo passa mais depressa no alto e mais devagar embaixo, perto da Terra. Faz-se a medição e constata-se que é verdade. A diferença é pequena, mas o gêmeo que viveu à beira-mar reencontra o gêmeo que viveu na montanha um pouco mais velho do que ele. É só o início.

Depois que uma estrela massuda queima todo o seu combustível (o hidrogênio), ela acaba se extinguindo. O que resta já não é segurado pelo calor da combustão e desaba esmagado sob o próprio peso, até curvar o espaço tão fortemente a ponto de afundar dentro de um verdadeiro buraco. São os famosos *buracos negros.* Quando eu estava na universidade, eles eram previsões pouco críveis de uma teoria esotérica. Hoje são observados no céu às centenas, e estudados em detalhes pelos astrônomos. Mas não é só isso.

O espaço inteiro pode se distender e se dilatar; ou, melhor, a equação de Einstein indica que o espaço pode não estar parado, *mas* em expansão. Em 1930, a expansão do universo é efetivamente observada. A mesma equação prevê que a expansão deve ter brotado da explosão de um jovem universo, extremamente pequeno e quentíssimo: é o *Big Bang.* Mais uma vez, ninguém acredita nisso, mas as provas se acumulam, até que no céu é observada a *radiação cósmica de fundo*: o clarão difuso que resta do calor da explosão inicial. A previsão da equação de Einstein está correta.

E, ainda, a teoria prevê que o espaço se encrespa como a superfície do mar, e os efeitos dessas "ondas gravitacionais" são observados no céu em estrelas binárias, e coincidem com as previsões da teoria até a assombrosa precisão de uma parte em 100 bilhões. E assim por diante.

Em suma, a teoria descreve um mundo colorido e espantoso, onde universos explodem, o espaço afunda em buracos sem saída, o tempo se desacelera quanto mais baixo se está sobre um planeta e as ilimitadas extensões do espaço interestelar se encrespam e ondulam como a superfície do mar... E tudo isso, que ia emergindo aos poucos do meu livro roído pelos camundongos, não era uma fábula contada por um idiota num momento de delírio, ou o efeito do ardente sol mediterrâneo da Calábria, uma alucinação sobre o tremeluzir do mar. Era realidade.

Ou, melhor, um olhar em direção à realidade, um pouco menos velado do que o da nossa ofuscada banalidade cotidiana. Uma realidade que parece feita da mesma matéria de que são feitos os sonhos, e ainda assim mais real do que o nosso enevoado sonho cotidiano.

Tudo isso como resultado de uma intuição elementar: o espaço e o campo gravitacional são a mesma coisa. E de uma equação simples, que não resisto a transcrever aqui, embora meu leitor certamente não vá poder decifrá-la; mas eu gostaria que ele ao menos visse sua grande simplicidade:

$$R_{ab} - \frac{1}{2} R\, g_{ab} = T_{ab}$$

Só isso. Sem dúvida, precisa-se de um percurso de aprendizagem para digerir a formulação matemática de Riemann e dominar a técnica para ler essa equação. São necessários dedicação e esforço; menos, porém, do que os requeridos para chegar a sentir a rarefeita beleza de um dos últimos quartetos de Beethoven. Entretanto, em ambos os casos o prêmio é a beleza, e olhos novos para ver o mundo.

SEGUNDA LIÇÃO
OS QUANTA

Os dois pilares da física do século XX, a relatividade geral, da qual falei na primeira lição, e a mecânica quântica, da qual falo aqui, não poderiam ser mais diferentes.

Ambas as teorias nos ensinam que a estrutura fina da matéria é mais sutil do que nos parece. Mas a relatividade geral é uma pedra preciosa compacta: concebida por uma só mente, a de Einstein, é uma visão simples e coerente da gravidade, do espaço e do tempo. A mecânica quântica, ou "teoria dos quanta", ao contrário, obteve um sucesso experimental ímpar e trouxe aplicações que mudaram nossa vida cotidiana (o computador no qual estou escrevendo, por exemplo), mas, um século depois de seu nascimento, ainda permanece envolta num estranho aroma de desconhecimento e mistério.

Costuma-se dizer que a mecânica quântica nasce exatamente no ano de 1900, abrindo um século de intensa atividade intelectual. O físico alemão Max Planck calcula o campo elétrico em equilíbrio no interior de uma caixa quente. Para fazer isso, usa um truque: imagina que a energia do campo é distribuída em "quanta", ou seja, tijolos ou "pacotes de energia". O procedimento leva a um resultado que reproduz perfeitamente aquilo que é medido (e, portanto, deve estar de algum modo correto), mas destoa de tudo o que se sabia na época, porque a energia era considerada algo que varia de maneira contínua, e não havia razão para tratá-la como se fosse feita de pequenos tijolos.

Para Planck, tratar a energia como se ela fosse feita de tijolinhos prontos havia sido um estranho truque de cálculo, de cuja eficácia o próprio Planck não compreendia a razão. De novo, é Einstein, cinco anos depois, quem compreende que os "pacotes de energia" são reais. Ele mostra que a luz é feita de partículas. Hoje nós os chamamos "fótons". Na introdução do trabalho, ele escreve:

"Parece-me que as observações associadas à fluorescência, à produção de raios catódicos, à radiação eletromagnética que emerge de uma caixa e outros fenômenos semelhantes ligados à emissão e à transformação da luz são mais compreensíveis se assumirmos que a energia da luz se distribui no espaço de maneira descontínua. Aqui, considero a hipótese de que a energia de um raio de luz não se distribui de maneira contínua no espaço, mas consiste, em vez disso, em um número finito de 'quanta de energia' que estão localizados em pontos do espaço, movem-se sem dividir-se e são produzidos e absorvidos como unidades singulares."

Essas linhas, simples e claras, são a verdadeira certidão de nascimento da teoria dos quanta. Note-se o maravilhoso "Parece-me..." inicial, que lembra o "Eu penso..." com o qual Darwin introduz em suas cadernetas de anotações a grande ideia de que as espécies evoluem; ou a "hesitação" da qual fala Faraday quando, em seu livro, introduz a revolucionária ideia de campo eletromagnético. O gênio hesita.

De início, o trabalho de Einstein é encarado pelos colegas como a tolice juvenil de um rapaz brilhante. Mais tarde, será por esse trabalho que Einstein ganhará o Nobel. Se Planck é o pai da teoria, Einstein é o genitor que a fez crescer.

Mas, como todos os filhos, a teoria depois andou com as próprias pernas e Einstein não a reconheceu mais. Durante as décadas de 1910 e 1920, é o dinamarquês Niels Bohr quem continua a desenvolvê-la. É ele quem compreende que também a energia dos elétrons nos átomos pode assumir somente certos valores "quantizados", como a energia da luz, e sobretudo que os elétrons somente podem "saltar" entre uma e outra das órbitas atômicas com energias permitidas, emitindo ou absorvendo um fóton quando saltam. São os famosos "saltos quânticos". É em seu instituto, em Copenhagen, que se reúnem as jovens mentes mais brilhantes do século para tentar organizar esses incompreensíveis comportamentos do mundo atômico e construir a partir daí uma teoria coerente.

Em 1925, surgem finalmente as equações da teoria, que substituem toda a mecânica de Newton. É difícil imaginar um triunfo maior. De repente, tudo se encaixa, e consegue-se calcular tudo. Apenas um exemplo: lembram-se da tabela periódica dos elementos, aquela de Mendeleev, que lista todas as possíveis substâncias elementares das quais é feito o universo, do hidrogênio ao urânio, e que ficava pendurada em tantas salas de aula? Afinal, como são justamente aqueles, listados ali, os elementos? E como a tabela periódica tem justamente essa estrutura, com aqueles períodos, e os elementos têm justamente aquelas propriedades? A resposta a essas perguntas é que cada elemento é uma solução da equação-base da mecânica quântica. A química inteira emerge dessa simples equação.

O primeiro a escrever as equações da nova teoria será um gênio alemão muito jovem, Werner Heisenberg, baseando-se em ideias atordoantes.

Ele imagina que os elétrons *não* existam sempre. Existem só quando alguém os observa, ou, melhor, quando interagem com alguma outra coisa. Materializam-se em um lugar, com uma probabilidade calculável, quando se chocam contra algo. Os "saltos quânticos" de uma órbita para outra são seu único modo de se tornarem reais: um elétron seria assim um conjunto de saltos de uma interação a outra. Quando ninguém o perturba, ele não está em nenhum lugar preciso. Não está em um lugar. É como se Deus não tivesse desenhado a realidade com uma linha pesada, mas tivesse se limitado a um traço leve.

Na mecânica quântica, nenhuma partícula tem uma posição definida, a não ser quando colide com algo. Para descrevê-la no meio do voo entre uma interação e outra, usa-se uma abstrata função matemática que não vive no espaço real, mas em abstratos espaços matemáticos. Contudo, há coisa pior: esses saltos pelos quais cada partícula passa de uma interação a outra não acontecem de modo previsível, e sim amplamente ao acaso. Não é possível prever onde um elétron surgirá de novo, apenas calcular a *probabilidade* de que ele apareça aqui ou ali. A probabilidade ocorre no coração da física, justamente onde parecia que tudo era regulado por leis precisas, unívocas e irrevogáveis.

Parece absurdo para vocês? Também parecia absurdo a Einstein. Por um lado, ele propunha Heisenberg para o Nobel, reconhecendo que ele havia compreendido algo fundamental sobre o mundo, mas, por outro, não perdia a oportunidade de resmungar que, no entanto, assim não se compreendia nada.

Os jovens leões do grupo de Copenhague ficaram consternados: mas como, logo Einstein? Seu pai espiritual, o homem que tivera a coragem de pensar o impensável, agora recuava e tinha medo desse novo salto para o desconhecido, que ele mesmo havia deflagrado? Logo Einstein, que nos ensinara que o tempo não é universal e o espaço se curva? Logo ele dizia agora que o mundo não pode ser tão estranho assim?

Bohr, pacientemente, explicava a Einstein as novas ideias. Einstein objetava. Imaginava experimentos mentais para mostrar que as novas ideias eram contraditórias: “Imaginemos uma caixa cheia de luz, da qual deixamos sair, por um breve instante, um só fóton...". — assim iniciava um dos seus famosos exemplos, o experimento mental da "caixa de luz". No fim, Bohr sempre conseguia encontrar a resposta, repelir as objeções. O diálogo continuou durante anos, passando por conferências, cartas, artigos... No decorrer dessa troca, ambos os grandes homens tiveram de recuar, de mudar de ideia. Einstein teve de reconhecer que, efetivamente, não havia contradição nas novas ideias. Bohr teve de reconhecer que as coisas não eram tão simples e claras como ele pensava no início. Einstein não queria ceder no ponto que para ele era fundamental: o de que existe uma realidade objetiva independente de quem interage com quem. Bohr não queria ceder quanto à validade do modo profundamente novo pelo qual o real era conceitualizado pela nova teoria. Por fim, Einstein aceita que a teoria é um gigantesco passo à frente na compreensão do mundo, mas permanece convencido de que as coisas não podem ser tão estranhas assim, e de que "por trás" deve haver uma explicação mais razoável.

Passou-se um século, e estamos no mesmo ponto. As equações da mecânica quântica e suas consequências são usadas cotidianamente por físicos, engenheiros, químicos e biólogos, nos mais variados campos. Sua utilidade é demonstrada na tecnologia contemporânea; os transistores não existiriam sem a mecânica quântica. E, no entanto, essas equações permanecem misteriosas: não descrevem o que acontece a um sistema físico, mas apenas como um sistema físico é percebido por outro sistema físico. O que isso significa? Significa que a realidade essencial de um sistema é indescritível? Significa somente que falta um pedaço da história? Ou significa, como me parece, que devemos aceitar a ideia de que a realidade é só interação?

Nosso conhecimento cresce, e cresce de fato. Permite-nos fazer coisas novas, que antes nem sequer imaginávamos. Mas, ao crescer, apresentam-se novas perguntas, novos mistérios. Quem usa os benefícios trazidos pelas equações da teoria não se ocupa delas em laboratório. Mas a realidade é que físicos e filósofos continuam a se interrogar e os questionamentos publicados em artigos nos últimos anos são cada vez mais numerosos. O que é a teoria dos quanta, um século após seu nascimento? Um extraordinário e profundo mergulho na natureza da realidade? Uma miragem, que funciona por acaso? Uma peça incompleta de um quebra-cabeça? Ou um indício de algo profundo que se refere à estrutura do mundo e que ainda não digerimos bem?

Quando Einstein morre, Bohr, seu grande rival, profere palavras de comovente admiração. Quando, poucos anos depois, morre Bohr, alguém tira uma fotografia da lousa de seu estúdio: há um desenho. Representa a "caixa cheia de luz" do experimento mental de Einstein. Até o fim, o desejo de testar e de entender mais. Até o fim, a dúvida.

TERCEIRA LIÇÃO

A ARQUITETURA DO COSMO

Na primeira metade do século XX, Einstein descreveu a trama do espaço e do tempo com a teoria da relatividade, enquanto Bohr e seus jovens amigos capturaram em equações a estranha natureza quântica da matéria. Na segunda metade do século XX, os físicos trabalharam a partir desses fundamentos, aplicando as duas novas teorias aos mais variados domínios da natureza: do macrocosmo da estrutura do universo ao microcosmo das partículas elementares. Do primeiro, eu falo nesta lição; do segundo, na próxima.

Esta lição é composta sobretudo de simples desenhos. O motivo é que a ciência, antes de ser um conjunto de experimentos, medições, matemática e deduções rigorosas, constitui-se principalmente de visões. A ciência é, antes de tudo, atividade visionária. O pensamento científico se nutre da capacidade de "ver" as coisas de modo diferente de como elas eram vistas antes. Sem pretensões, quero tentar oferecer uma degustação desta viagem entre visões.

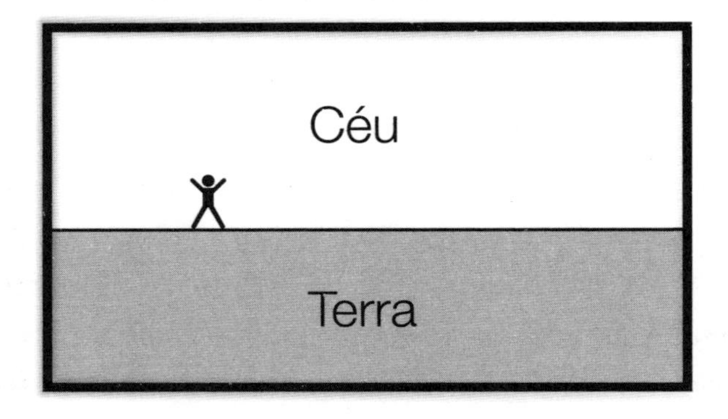

Representação do cosmo como foi concebido durante milênios: embaixo a Terra, em cima o Céu. A primeira grande revolução científica, realizada 26 séculos atrás por Anaximandro, que tentou compreender como é possível que o Sol, a Lua e as estrelas girem ao nosso redor, substitui essa imagem do cosmo por esta outra:

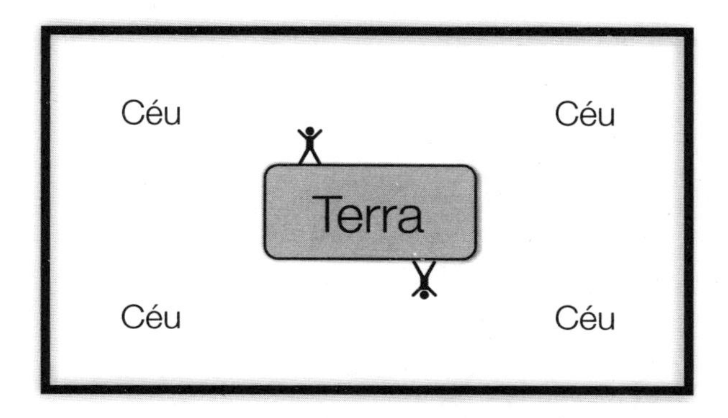

Agora o Céu está totalmente ao redor da Terra, não somente acima, e a Terra é um grande seixo que flutua suspenso no espaço, sem cair. Alguém (talvez Parmênides, talvez Pitágoras) não demora a perceber que a forma mais razoável para esta Terra que voa, para a qual todas as direções são iguais, é uma esfera, e Aristóteles descreve argumentos científicos convincentes para confirmar a esfericidade da Terra e dos céus em torno da Terra, nos quais correm os astros celestes. Eis a imagem do cosmo que resulta disso:

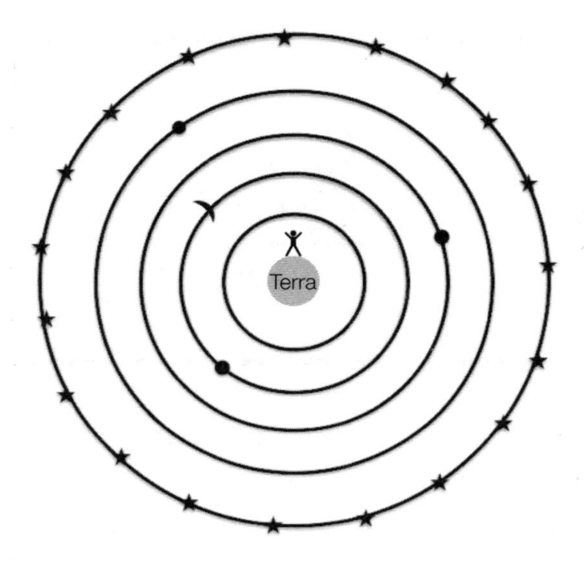

É o cosmo descrito por Aristóteles em seu livro *Sobre o céu*, e a imagem do mundo que permanecerá característica das civilizações em torno do Mediterrâneo, até o fim da Idade Média. É essa imagem do mundo que Dante estuda na escola.

O salto seguinte é dado por Copérnico, inaugurando aquela que é chamada a grande revolução científica. O mundo de Copérnico não é muito diferente do de Aristóteles:

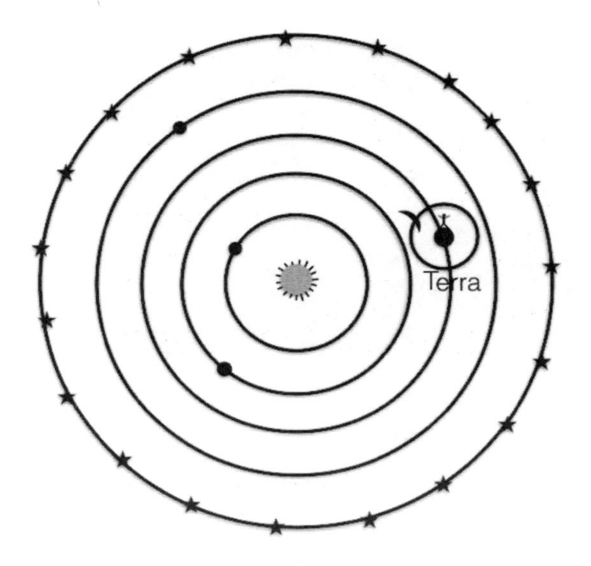

Mas há uma diferença fundamental: retomando uma ideia já considerada na Antiguidade, e depois abandonada, Copérnico compreende e mostra que nossa Terra não está no centro da dança de planetas, e sim o Sol. Nosso planeta se torna um como os outros. Gira em grande velocidade sobre si mesmo e em torno do Sol.

O avanço do conhecimento não se detém. Nossos instrumentos logo se aperfeiçoam, e aprendemos que o sistema solar não é senão um entre muitíssimos, e que nosso Sol é simplesmente uma estrela como as outras. Um grãozinho infinitesimal em uma imensa nuvem de estrelas, formada por 100 bilhões de estrelas, a Via Láctea:

Mas, por volta dos anos 1930, as medições precisas feitas pelos astrônomos das distâncias de nebulosas espirais — nuvenzinhas esbranquiçadas entre as estrelas — mostram que também a Via Láctea, por sua vez, não é mais do que um grão de poeira em uma imensa nuvem de galáxias, centenas de bilhões de galáxias, que se estendem a perder de vista até onde os mais potentes dos nossos telescópios conseguem alcançar. Agora o mundo se tornou uma extensão uniforme e ilimitada. A figura que se segue não é um desenho: é uma fotografia tirada pelo telescópio *Hubble*, em órbita da Terra, que mostra a imagem do céu mais profundo que conseguimos ver com o mais potente dos nossos telescópios. A olho nu, seria um pedacinho extremamente pequeno de um céu onde nada parece existir. Ao telescópio, parece uma poeira de galáxias muito distantes. Cada pontinho e mancha nessa imagem é uma galáxia com cerca de 100 bilhões de sóis semelhantes ao nosso. Há poucos anos, vimos que a maior parte desses sóis têm planetas ao seu redor. Portanto, no universo existem milhares de bilhões de bilhões de planetas como a Terra. E, em qualquer direção para a qual se olhe, o que aparece é isto:

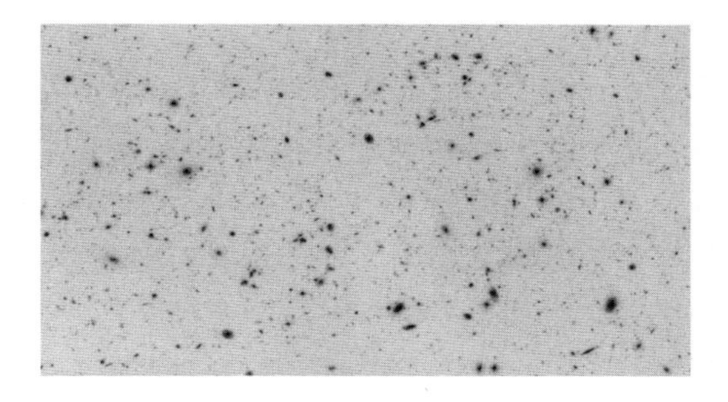

Mas essa uniformidade ilimitada, por sua vez, é apenas aparente. Como ilustrei na primeira lição, o espaço não é plano, é curvo. A própria trama do universo, salpicada de galáxias, devemos imaginá-la movida por ondas semelhantes às ondas do mar, às vezes tão agitadas a ponto de criar os vazios que são os buracos negros. Voltemos então às imagens desenhadas, para representar este universo sulcado por grandes ondas.

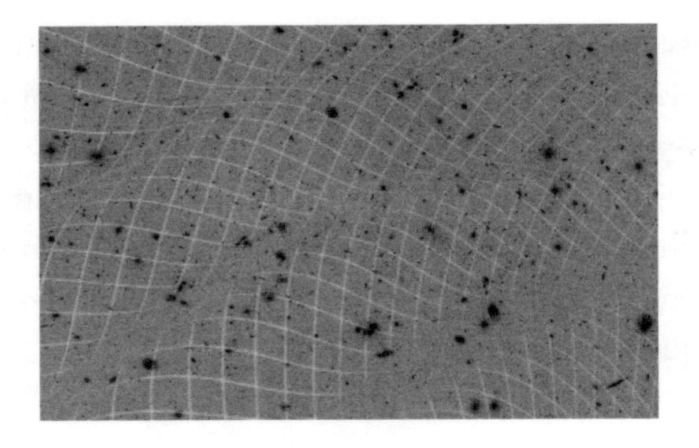

E, por fim, hoje sabemos que este cosmo imenso, elástico e constelado de galáxias cresceu por 13,7 bilhões de anos, emergindo de um ponto muito quente e denso. Para representar essa visão, já não devemos desenhar o universo, e sim desenhar a história inteira do universo. Ei-la, esquematizada:

O universo nasce como uma bolinha e depois se expande até suas atuais dimensões cósmicas. A figura anterior é nossa imagem atual do universo, na maior escala que conhecemos.

Há mais alguma coisa? Havia algo antes? Talvez sim. Falarei disso daqui a duas lições. Existem outros universos semelhantes, ou diferentes? Não sabemos.

QUARTA LIÇÃO
PARTÍCULAS

Dentro do universo descrito na lição precedente movem-se a luz e as coisas. A luz é constituída de fótons, as partículas de luz intuídas por Einstein. As coisas que vemos são feitas de átomos. Cada átomo é um núcleo com elétrons ao redor. Cada núcleo é constituído de prótons e nêutrons, unidos uns aos outros. Tanto os prótons quanto os nêutrons são feitos de partículas ainda menores, que o físico americano Murray Gell-Mann batizou de "quarks", inspirando-se numa palavra sem sentido de uma frase sem sentido — "Three quarks for Muster Mark!" — que aparece no *Ulisses* de James Joyce. Todas as coisas que tocamos, portanto, são compostas de elétrons e desses quarks.

A força que mantém colados os quarks no interior dos prótons e dos nêutrons é gerada por partículas que os físicos, com pouco senso do ridículo, chamam de "glúons", do inglês *glue*, cola. Em italiano seriam traduzidos como "colloni",* mas, felizmente, todos usam o nome inglês.

Elétrons, *quarks*, *fótons* e *glúons* são os componentes de tudo o que se move no espaço ao nosso redor. São as "partículas elementares" estudadas pela física das partículas. A essas partículas acrescentam-se algumas outras, por exemplo, os *neutrinos*, que pululam pelo universo mas têm poucas interações conosco, com a matéria da qual somos compostos, e o *bóson de Higgs*, detectado recentemente em Genebra, na grande máquina do CERN,** mas ao todo não são muitas. Menos de dez tipos de partículas. Um punhado de ingredientes elementares que se comportam como as peças de um Lego gigantesco com as quais é construída toda a realidade material em torno de nós.

O modo como essas partículas se movem e sua natureza são descritos pela mecânica quântica. Então essas partículas não são verdadeiras pedrinhas; são mais propriamente os "quanta" de cor-

* E, em português, talvez por algo como "cólons". (N. T.)
** Sigla de Conseil Européen pour la Recherche Nucléaire [Organização Europeia para a Pesquisa Nuclear]. (N. T.)

respondentes campos elementares, assim como os fótons são os "quanta" do campo eletromagnético. São excitações elementares, de um substrato móvel semelhante ao campo de Faraday e Maxwell. São minúsculas ondinhas que correm. Que desaparecem e reaparecem segundo as estranhas regras da mecânica quântica, na qual aquilo que existe nunca é estável; não passam de um saltar de uma interação a outra.

Mesmo se observarmos uma região vazia do espaço, onde não existam átomos, ainda veremos um diminuto pulular dessas partículas. Não existe verdadeiro vazio, que seja completamente vazio. Assim como o mar mais calmo, visto de perto, ondula levemente e estremece, os campos que formam o mundo também flutuam em pequena escala, e podemos imaginar as partículas básicas do mundo, continuamente criadas e destruídas por esse estremecimento, vivendo breves e efêmeras vidas.

Esse é o mundo descrito pela mecânica quântica e pela teoria das partículas. Muito distante, a esta altura, do mundo mecânico de Newton e Laplace, no qual minúsculas pedrinhas frias vagavam eternamente ao longo de trajetórias precisas de um espaço geométrico imutável. A mecânica quântica e os experimentos com as partículas nos ensinaram que o mundo é um pulular contínuo e irrequieto de coisas, um vir à luz e um desaparecer contínuo de efêmeras entidades. Um conjunto de vibrações, como o mundo dos hippies dos anos 1960. Um mundo de eventos, não de coisas.

Os detalhes da teoria das partículas foram construídos lentamente durante as décadas de 1950, 1960 e 1970. Desse trabalho participaram os grandes físicos do século, como Feynman e Gell-Mann, e entre eles uma alentada equipe de italianos. O resultado dessa construção é uma teoria intricada, baseada na mecânica quântica, que traz o nome pouco heráldico "Modelo Padrão" da física das partículas. O Modelo Padrão, elaborado nos anos 1970, foi confirmado por uma longa série de experimentos que verificaram todas as suas previsões. Entre os primeiros experimentos incluem-se as medições que em 1984 renderam o Prêmio Nobel ao italiano Carlo Rubbia, hoje senador. A última confirmação veio com a revelação do bóson de Higgs, em 2013.

Contudo, apesar da longa série de sucessos experimentais, o Modelo Padrão jamais foi levado completamente a sério pelos físicos. É uma teoria que, ao menos à primeira vista, parece feita de remendos, uma espécie de colcha de retalhos. Constitui-se de vários pedaços e equações reunidos sem uma ordem clara: certo número de campos (por que justamente estes?) que interagem entre si com certas forças (por que justamente estas?), cada uma determinada por certas constantes (por que justamente estes valores?) que respeitam certas simetrias (por que justamente estas?). Está distante da aérea simplicidade das equações da relatividade geral e da mecânica quântica.

Também o próprio modo como as equações do Modelo Padrão fornecem previsões sobre o mundo é absurdamente tortuoso. Usadas diretamente, essas equações levam a previsões insensatas, nas quais cada quantidade calculada se revela infinitamente grande. Para obter resultados sensatos, é preciso imaginar que os parâmetros que entram nelas são, por sua vez, infinitamente grandes, a fim de contrabalançar os resultados absurdos e dar resultados razoáveis. Esse procedimento sinuoso e barroco é chamado pelo termo técnico "renormalização"; funciona na prática, mas deixa na boca um sabor amargo para quem preferiria que a natureza fosse simples.

Durante seus últimos anos de vida, Paul Dirac, o maior cientista do século XX depois de Einstein, grande arquiteto da mecânica quântica e autor da primeira e principal equação do Modelo Padrão, expressou várias vezes seu descontentamento por esse estado de coisas: "Ainda não resolvemos o problema", dizia.

E há também um defeito óbvio no Modelo Padrão: em torno de cada uma das galáxias, os astrônomos observam os efeitos de um grande halo de matéria, que revela sua existência pela força gravitacional com a qual atrai estrelas e desvia a luz. Mas esse grande halo, cujos efeitos gravitacionais observamos, não é visto diretamente e não sabemos de que é composto. Foram estudadas muitas hipóteses, mas nenhuma parece funcionar. Que existe alguma coisa, isso é evidente; o que é, não sabemos. Hoje, essa coisa é chamada "matéria escura". Parece realmente tratar-se de algo que *não* é descrito pelo Modelo Padrão, do contrário nós o veríamos. Algo que não são átomos, nem neutrinos, nem fótons...

Não surpreende que existam mais coisas entre o Céu e a Terra, caro leitor, do que supõe nossa vã filosofia; e também nossa física. Afinal, até poucos anos atrás, nem sequer suspeitávamos da existência das ondas de rádio ou dos neutrinos, que no entanto preenchem o universo.

O Modelo Padrão permanece como o melhor do que sabemos dizer hoje sobre o mundo das coisas, suas previsões foram todas confirmadas, e, à parte a matéria escura — e a gravidade, descrita pela relatividade geral como curvatura do espaço--tempo —, descreve bastante bem todos os aspectos do mundo que nós vemos. Teorias alternativas foram propostas, mas foram demolidas pelos experimentos.

Por exemplo, uma bela teoria proposta nos anos 1970, chamada pelo nome técnico SU(5), substituía as equações desconjuntadas do Modelo Padrão por uma estrutura bem mais bela e mais simples. Essa teoria previa que o próton podia se desintegrar com certa probabilidade, transformando-se em partículas mais leves. Grandes máquinas foram construídas para ver os prótons se desintegrarem. Diversos físicos, inclusive italianos, dedicaram a vida à tentativa de observar prótons se desintegrando. (Não se acompanha um próton por vez se desintegrar, porque isso leva muito tempo. Ao redor de toneladas de água instalam-se reveladores sensíveis aos produtos da desintegração). Mas, lamentavelmente, jamais se viu um próton se desintegrar. A bela teoria SU(5), embora elegantíssima, não deve ter agradado ao bom Deus.

A história está se repetindo agora com um grupo de teorias chamadas "supersimétricas", que preveem a existência de uma nova classe de partículas. Durante toda a minha vida de físico, escutei colegas que, com grande segurança, esperavam ver essas partículas no dia seguinte. Passaram-se dias, meses, anos, décadas, mas por enquanto elas não apareceram. Nem sempre a física é uma história de sucessos.

Fiquemos, pois, com o Modelo Padrão. Ele pode não ser extremamente elegante, mas funciona muito bem, descreve o mundo ao nosso redor. E, quem sabe, se olharmos direito, talvez não seja ele que não é elegante: talvez sejamos nós que ainda não aprendemos a encará-lo sob o ponto de vista certo para compreender sua simplicidade oculta. Por enquanto, isto é o que sabemos da matéria. Um punhado de tipos de partículas elementares, que vibram e flutuam continuamente entre o existir e o não existir, pululam no espaço mesmo quando parece não haver nada, combinam-se entre si ao infinito como as vinte letras de um alfabeto cósmico para contar a imensa história das galáxias, das estrelas inumeráveis, dos raios cósmicos, da luz do Sol, das montanhas, dos bosques, dos campos de trigo, dos sorrisos dos jovens nas festas e do céu negro e estrelado da noite.

QUINTA LIÇÃO
GRÃOS DE ESPAÇO

Apesar dos pontos obscuros, das deselegâncias e das questões ainda em aberto, as teorias físicas que mencionei descrevem o mundo de modo melhor do que no passado. Portanto, deveríamos estar bastante contentes. Mas não estamos.

Há uma situação paradoxal no centro do nosso conhecimento do mundo físico. O século XX nos deixou as duas joias de que falei: a relatividade geral e a mecânica quântica. Da primeira derivaram a cosmologia, a astrofísica, o estudo das ondas gravitacionais, dos buracos negros e muito mais. A segunda tornou-se a base da física atômica, da física nuclear, da física das partículas elementares, da física da matéria condensada e muito mais. Duas teorias pródigas em dons e fundamentais para a tecnologia atual, que mudaram nosso modo de viver. No entanto, as duas teorias não podem estar ambas corretas, ao menos em sua presente forma, porque se contradizem reciprocamente.

Um estudante universitário que assista às aulas de relatividade geral pela manhã e às de mecânica quântica à tarde só pode concluir que os professores são uns cretinos, ou então deixaram de se falar há um século: estão lhe ensinando duas imagens do mundo em completa contradição. De manhã, o mundo é um espaço curvo onde tudo é contínuo; à tarde, o mundo é um espaço plano onde saltam quanta de energia.

O paradoxo é que ambas as teorias funcionam terrivelmente bem. A natureza está se comportando conosco como aquele velho rabino que foi procurado por dois homens para resolverem uma desavença. Tendo escutado o primeiro, o rabino diz: "Você tem razão". O segundo insiste em ser escutado, o rabino o escuta e lhe diz: "Tem razão você também". Então a mulher do rabino, que estava ouvindo de outro aposento, grita: "Mas não podem ter razão os dois!". O rabino pensa um pouco, concorda e conclui: "Sabe que você também tem razão?".

Um grupo de físicos teóricos espalhados pelos cinco continentes está procurando laboriosamente esclarecer a questão. O campo de estudo chama-se "gravidade quântica": o objetivo é encontrar uma teoria, isto é, um conjunto de equações, mas sobretudo uma visão do mundo coerente, em que essa esquizofrenia seja resolvida.

Não é a primeira vez que a física se vê diante de duas teorias de grande sucesso e aparentemente contraditórias. No passado, muitas vezes o esforço de síntese foi premiado com grandes avanços na compreensão do mundo. Newton descortinou a gravitação universal combinando as parábolas de Galileu com as elipses de Kepler. Maxwell descreveu as equações do eletromagnetismo combinando as teorias elétrica e magnética. Einstein desvelou a relatividade para resolver um aparente conflito entre eletromagnetismo e mecânica. Um físico, portanto, fica feliz quando encontra um conflito desse tipo entre teorias de sucesso: é uma oportunidade extraordinária. Podemos construir uma estrutura conceitual para pensar o mundo que seja compatível com aquilo que descobrimos sobre o mundo com *ambas* as teorias?

Aqui, na linha de frente, para além dos limites do saber atual, a ciência se torna ainda mais bela. Na forja incandescente das ideias que nascem, das intuições, das tentativas. Dos caminhos empreendidos e depois abandonados, dos entusiasmos. No esforço de imaginar aquilo que ainda não foi imaginado.

Vinte anos atrás, a névoa era densa. Hoje, existem pistas que suscitam entusiasmo e otimismo. Ainda assim, estamos longe de poder afirmar que o problema esteja resolvido. A multiplicidade gera divergências, mas o debate é saudável: enquanto a névoa não desaparecer, é bom que existam críticas e opiniões opostas. A principal direção de pesquisa centrada na tentativa de resolver o problema é a Gravitação Quântica em Laços (ou em Loop), desenvolvida em diversos países do mundo por uma numerosa equipe de pesquisadores, entre os quais se destacam muitos e competentíssimos jovens italianos (todos em universidades estrangeiras).

A Gravitação Quântica em Laços é uma tentativa cautelosa de combinar relatividade geral e mecânica quântica, sem utilizar outras hipóteses além dessas duas teorias, oportunamente reescritas para tornarem-se compatíveis. As consequências dessa nova teoria são radicais, trazendo uma profunda modificação na estrutura da realidade. A ideia é simples. A relatividade geral nos ensina que o espaço não é uma caixa inerte, mas algo dinâmico: uma espécie de imenso molusco móvel no qual estamos imersos, que pode se comprimir e se retorcer. A mecânica quântica, por outro lado, nos ensina que todo campo, desse modo, é "feito de quanta": tem uma estrutura fina granular. De imediato, segue-se daí que o espaço físico é também "feito de quanta".

Sua previsão central é, por conseguinte, a de que o espaço não seja contínuo, não seja divisível ao infinito, mas formado por grãos, isto é, por "átomos de espaço". Estes são extremamente minúsculos: um bilhão de bilhão de vezes menores do que o menor dos núcleos atômicos. A teoria descreve de forma matemática esses "átomos de espaço" e as equações que determinam sua evolução. Chamam-se loops, isto é, anéis, porque cada um deles não está isolado, mas sim entrelaçado a outros semelhantes, formando uma rede de relações que tece a trama do espaço.

Onde estão esses quanta de espaço? Em lugar nenhum. Não estão *em* um espaço, porque são eles mesmos o espaço. O espaço é criado pela interação de quanta individuais de gravidade. Mais uma vez, o mundo parece ser relação em vez de objetos.

Mas a consequência mais extrema da teoria é a segunda. Assim como desaparece a ideia do espaço contínuo que contém as coisas, também desaparece a ideia de um "tempo" elementar e primitivo que flui independentemente das coisas. As equações que descrevem grãos de espaço e matéria já não contêm a variável "tempo".

Isso não significa que tudo seja imóvel e que não exista mudança. Pelo contrário, significa que a mudança é ubíqua, mas os processos elementares não podem ser ordenados em uma sucessão comum de instantes. Na escala pequeníssima dos quanta de espaço, a dança da natureza não se desenvolve ao ritmo da batuta de um só diretor de orquestra, de um só tempo: cada processo dança independentemente com os vizinhos, seguindo um ritmo próprio. O escoar do tempo é interno ao mundo, nasce no próprio mundo, a partir das relações entre eventos quânticos que são o mundo e são eles mesmos a nascente do tempo.

O mundo descrito pela teoria se afasta ainda mais daquele que nos é familiar. Já não existe o espaço que "contém" o mundo e já não existe o tempo "ao longo do qual" ocorrem os eventos. Existem somente processos elementares nos quais quanta de espaço e matéria interagem continuamente entre si. A ilusão do espaço e do tempo contínuos ao nosso redor é a visão desfocada desse denso pulular de processos elementares. Assim como um calmo e transparente lago alpino é, na realidade, formado por uma dança veloz de miríades de minúsculas moléculas de água.

Vista de muito perto, à luz de uma lente de aumento ultrapotente, a penúltima imagem da terceira lição deveria mostrar a estrutura granular do espaço:

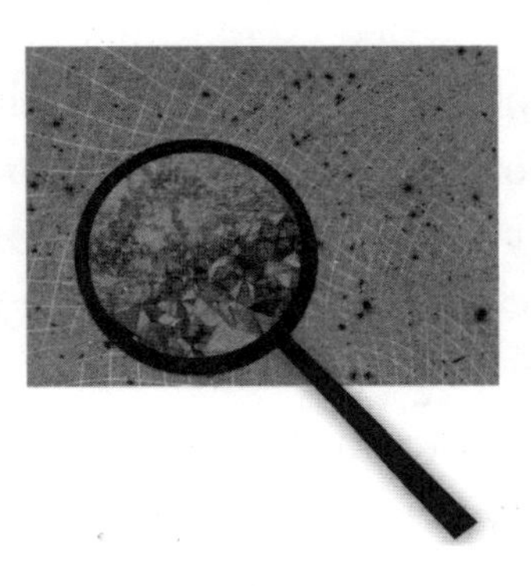

Podemos verificar esta teoria com experimentos? Estamos pensando nisso, e estamos tentando, mas ainda não existem verificações experimentais. Existem, porém, diversas ideias.

Uma delas consiste em estudar os buracos negros. Hoje, vemos no céu os buracos negros formados pelas estrelas que colapsaram. A matéria dessas estrelas se precipitou para o interior, esmagada pelo próprio peso, e desapareceu de nossa vista. Mas onde foi parar?

Se a teoria da Gravitação Quântica em Laços estiver correta, a matéria não pode ter realmente colapsado em um ponto infinitésimo. Porque não existem pontos infinitésimos: existem somente regiões finitas de espaço. Desabando sob o próprio peso, a matéria deve ter-se tornado cada vez mais densa, até que a mecânica quântica deve ter gerado uma pressão contrária, capaz de contrabalançar o peso. Esse hipotético estado final da vida de uma estrela, em que a pressão gerada pelas flutuações quânticas do espaço-tempo equilibra o peso da matéria, é o que se chama uma "estrela de Planck". Se o Sol, quando parasse de arder, tivesse de formar um buraco negro, este teria as dimensões de aproximadamente um quilômetro e meio. Dentro dele, toda a matéria do Sol continuaria a afundar, até tornar-se uma estrela de Planck. Sua dimensão seria então semelhante à de um átomo. Toda a matéria do Sol concentrada no espaço de um átomo. Esse estado extremo da matéria constituiria uma estrela de Planck.

Uma estrela de Planck não é estável: uma vez comprimida ao máximo, ricocheteia e começa a se expandir de novo. Isso leva à explosão do buraco negro. O processo, visto por um hipotético observador instalado dentro do buraco negro, na estrela de Planck, é muito rápido: um ricochete. Mas o tempo não passa na mesma velocidade para ele e para quem estiver fora do buraco negro, pelo mesmo motivo pelo qual para um observador na montanha o tempo passa mais depressa do que para outro junto ao mar. Só que, aqui, a diferença na passagem do tempo é enorme, por causa das condições extremas, e aquilo que para o observador dentro da estrela é um breve ricochete aparece, visto de fora, com um tempo longo. Por isso vemos os buracos negros permanecerem semelhantes a si mesmos por muito tempo: um buraco negro é uma estrela que ricocheteia vista em câmera extremamente lenta.

É possível que na forja dos primeiros instantes do universo tenham se formado buracos negros, e que alguns deles estejam explodindo agora. Se assim for, poderemos talvez observar os sinais que eles emitem ao explodir sob a forma de raios cósmicos de alta energia que chegam do céu, e assim observar e medir o efeito direto de um fenômeno de gravidade quântica. A ideia é corajosa, e pode não funcionar, por exemplo, porque no universo primordial podem não ter-se formado suficientes buracos negros para podermos ver algum deles explodir agora. Mas a busca dos sinais começou. Veremos.

Outra consequência da teoria, e das mais espetaculares, refere-se ao início do universo. Sabemos reconstituir a história do nosso mundo até um instante inicial no qual ele era muito pequeno. Mas, e antes? Bem, as equações dos laços nos permitem reconstituir a história do universo ainda mais para trás.

O que encontramos é que, quando o universo é extremamente comprimido, a teoria quântica gera uma força repulsiva, e o resultado é que o Big Bang, a "grande explosão", poderia ter sido na realidade um Big Bounce, um "grande ricochete": nosso mundo poderia ter nascido de um universo precedente que estava se contraindo sob o próprio peso, até esmagar-se em um espaço muito pequeno, para depois "ricochetear" e recomeçar a se expandir, colocando o universo no presente estado de expansão que observamos ao nosso redor. O momento do ricochete, quando o universo está comprimido em uma casca de noz, é o verdadeiro reino da gravidade quântica: espaço e tempo desapareceram totalmente, o mundo está dissolvido em uma pululante nuvem de probabilidades que, mesmo assim, as equações conseguem descrever. E a última imagem da terceira lição se transformaria em:

Nosso universo pode ter nascido do ricochete de uma fase precedente, passando por uma fase intermediária sem espaço e sem tempo.

A física abre a janela para olharmos longe. Aquilo que vemos não faz senão espantar-nos. Percebemos que estamos cheios de preconceitos e que nossa imagem intuitiva do mundo é parcial, provinciana, inadequada. O mundo continua mudando aos nossos olhos, à medida que o vemos melhor.

A Terra não é plana, não é imóvel. Se tentarmos reunir tudo o que aprendemos no século XX sobre o mundo físico, os indícios apontam para algo profundamente diferente das nossas ideias instintivas sobre matéria, espaço e tempo. A Gravitação Quântica em Laços é uma tentativa de decifrar esses indícios e de enxergar um pouco mais longe.

SEXTA LIÇÃO

A PROBABILIDADE, O TEMPO E O CALOR DOS BURACOS NEGROS

Ao lado das grandes teorias que descrevem os constituintes elementares do mundo, de que falei até agora, existe outro grande desafio na física, um pouco diferente dos outros. A pergunta da qual ele nasceu inesperadamente é: "O que é o calor?".

Até meados do século XIX, os físicos tentavam compreender o calor pensando que se tratava de uma espécie de fluido, o "calórico", ou então de dois fluidos, um quente e um frio, mas a ideia se revelou errada. Em seguida, Maxwell e o físico austríaco Boltzmann compreenderam. E o que eles compreenderam é belíssimo, estranho e profundo, e nos conduz a territórios até hoje inexplorados.

O que eles compreenderam é que uma substância quente não é uma substância que contenha fluido calórico. Uma substância quente é uma substância na qual os átomos se movem mais velozmente. Os átomos e as moléculas, grupinhos de átomos interligados, movem-se sempre. Correm, vibram, ricocheteiam etc. O ar frio é o ar no qual os átomos, ou, melhor, as moléculas, correm mais devagar. O ar quente é o ar em que as moléculas correm mais depressa. Simples e belo. Mas não termina aqui.

O calor, como sabemos, vai sempre das coisas quentes para as coisas frias. Uma colherinha fria dentro de uma xícara de chá quente se torna quente também. Num dia gélido, se não nos agasalharmos direito, rapidamente perdemos calor e sentimos frio.

Por que o calor vai das coisas quentes às coisas frias e não vice-versa?

Trata-se de uma pergunta crucial, porque se refere à natureza do tempo. De fato, em todos os casos em que não há troca de calor, ou quando o calor trocado é desprezível, vemos que o futuro se comporta exatamente como o passado. Por exemplo, para o movimento dos planetas do sistema solar o calor é quase irrelevante, e de fato esse mesmo movimento poderia igualmente acontecer ao contrário sem que nenhuma lei física fosse violada. Em contraposição, uma vez que haja calor, o futuro é diferente do passado. Por exemplo, enquanto não houver atrito, um pêndulo continua a oscilar para sempre. Se o filmarmos e projetarmos o filme ao contrário, veremos um movimento inteiramente possível. Mas, se houver atrito, este faz com que o pêndulo aqueça um pouco seus suportes, perca energia e se retarde. O atrito produz calor. E logo somos capazes de distinguir o futuro (em direção ao qual o pêndulo se retarda) do passado: de fato, jamais se viu um pêndulo partir da imobilidade e começar a oscilar com a energia obtida ao absorver calor dos seus suportes.

A diferença entre passado e futuro só existe quando há calor. O fenômeno fundamental que distingue o futuro do passado é o fato de que o calor vai das coisas mais quentes às coisas mais frias.

Mas então por que o calor vai das coisas quentes às coisas frias e não vice-versa?

A razão disso foi encontrada por Boltzmann, e é surpreendentemente simples: trata-se do acaso. A ideia de Boltzmann é sutil, e põe em jogo a noção de probabilidade. O calor não vai das coisas quentes às coisas frias obrigado por uma lei absoluta: vai somente com grande probabilidade.

Estatisticamente é mais provável que um átomo da substância quente, que se move depressa, se choque contra um átomo frio e lhe deixe um pouco de sua energia, e não o contrário. A energia se conserva nos choques, mas tende a se distribuir em partes mais ou menos iguais quando há muitos choques ao acaso. Desse modo, as temperaturas de objetos em contato tendem a se uniformizar. Não é impossível que um corpo quente se aqueça ainda mais quando posto em contato com um corpo frio: é apenas extremamente improvável.

Isso de levar a *probabilidade* ao centro das considerações físicas e usá-la até mesmo para explicar as bases da dinâmica do calor foi de início considerado absurdo. Boltzmann não foi levado a sério por ninguém, como frequentemente acontece. Acabou suicidando-se em 5 de setembro de 1906 em Duíno, perto de Trieste, por enforcamento, sem assistir ao reconhecimento universal da exatidão de suas ideias.

Mas como a probabilidade entra no coração da física? Na segunda lição, contei a vocês que a mecânica quântica prevê que o movimento de cada coisa diminuta ocorre ao acaso. Isso põe em jogo a probabilidade. Mas a probabilidade à qual Boltzmann se refere, a probabilidade ligada ao calor, tem uma origem diferente e é independente da mecânica quântica. A probabilidade em jogo na ciência do calor está ligada em certo sentido à nossa *ignorância*. Eu posso não saber alguma coisa de maneira completa, mas posso atribuir uma probabilidade maior ou menor a alguma coisa. Por exemplo, não sei se amanhã choverá ou fará sol ou nevará aqui em Marselha, mas a probabilidade de que neve amanhã em Marselha, em agosto, é baixa. De igual modo, para a maior parte dos objetos físicos nós sabemos algo de seu estado, mas não tudo, e podemos fazer previsões baseadas na probabilidade.

Pensem num balão de aniversário cheio de ar. Eu posso calcular seu tamanho, medir-lhe a forma, o volume, a pressão, a temperatura... Mas as moléculas de ar dentro dele estão correndo, velozes, e eu não conheço a posição exata de cada uma. Isso me impede de prever com exatidão como o balão se comportará. Por exemplo, se eu desatar o nó que o mantém fechado e o deixar livre, ele se desinflará ruidosamente, correndo e quicando aqui e ali, de uma maneira para mim imprevisível. Imprevisível para mim, que só conheço a forma, o volume, a pressão, a temperatura do balão. O saltitar dele, aqui e ali, depende do detalhe da posição das moléculas em seu interior, posição que ignoro.

Embora eu não possa prever tudo exatamente, posso prever a probabilidade de que aconteça alguma coisa ou alguma outra coisa. Será muito improvável, por exemplo, que o balão voe para fora da janela, gire em torno do farol lá embaixo, ao fundo, e depois volte a pousar sobre minha mão, no ponto de partida. Alguns comportamentos são mais prováveis e outros mais improváveis. A probabilidade de que, nos choques das moléculas, o calor passe do corpo mais quente para o mais frio pode ser calculada, e se mostra extremamente maior do que a probabilidade de que o calor volte atrás.

A parte da física que esclarece essas coisas é a física estatística, e um dos triunfos da física estatística, a partir de Boltzmann, foi o de compreender a origem probabilística do comportamento do calor e da temperatura, ou seja, a termodinâmica.

À primeira vista, a ideia de que nossa *ignorância* implique algo em relação ao comportamento do mundo parece pouco razoável: a colher fria se aquece no chá quente, e o balão esvoaça quando é deixado livre, independentemente daquilo que eu sei ou não sei. O que tem a ver aquilo que sabemos ou não sabemos com as leis que governam o mundo? A pergunta é legítima, e a resposta é sutil. Colher e balão se comportam como devem, seguindo as leis da física, de modo totalmente independente do que sabemos ou não sabemos sobre eles. A previsibilidade ou a imprevisibilidade de seu comportamento não concernem ao seu estado exato. Concernem à limitada classe de suas propriedades com as quais nós interagimos. Esta classe de propriedades depende do nosso específico modo de interagir com a colher e com o balão. Por conseguinte, a probabilidade não concerne à evolução dos corpos em si. Concerne à evolução dos valores de subclasses de propriedades dos corpos quando estas interagem com outros corpos. Mais uma vez, revela-se a natureza profundamente relacional dos conceitos que usamos para organizar o mundo.

A colher fria se aquece no chá quente porque chá e colher interagem conosco somente através de um pequeno número de variáveis, entre as inumeráveis que caracterizam seu microestado (por exemplo, a temperatura). O valor *destas* variáveis não é suficiente para prever o comportamento futuro exato (como no caso do balão), mas é suficiente para estimar que, com grande probabilidade, a colher se aquecerá.

Espero não haver perdido a atenção do leitor nesta passagem sutil.

No decorrer do século XX, a termodinâmica, isto é, a ciência do calor, e a mecânica estatística, isto é, a ciência da probabilidade dos diversos movimentos, foram estendidas também aos campos eletromagnéticos e aos fenômenos quânticos.

A extensão ao campo gravitacional, porém, revelou-se árdua. Como o campo gravitacional se comporta quando o calor se difunde nele é um problema ainda não resolvido. Sabemos o que acontece a um campo eletromagnético quente: em um forno, por exemplo, há radiação eletromagnética quente que sabemos descrever. As ondas eletromagnéticas vibram ao acaso distribuindo entre si a energia, e podemos imaginar o todo como um gás feito de fótons que se movem como as moléculas no balão quente. Mas o que é um campo gravitacional quente? O campo gravitacional, como vimos na primeira lição, é o próprio espaço, ou, melhor, o espaço-tempo, portanto, quando o calor se difunde no campo gravitacional, devem ser os próprios espaço e tempo vibrando... mas isso ainda não sabemos descrever muito bem: não temos as equações que descrevam a vibração térmica de um espaço-tempo quente.

Tais questões nos levam ao coração do problema do tempo: o que é então o fluir do tempo?

O problema nasce já na física clássica e foi sublinhado pelos filósofos entre os séculos XIX e XX, mas torna-se bem mais premente na física moderna. A física descreve o mundo por meio de fórmulas que dizem como as coisas variam em função da "variável tempo". No entanto, podemos escrever fórmulas que nos dizem como as coisas variam em função da "variável posição", ou como o sabor de um risoto varia em função da "variável quantidade de manteiga". O tempo parece "escoar", ao passo que a quantidade de manteiga ou a posição no espaço não "escoam". De onde vem a diferença?

Outro modo de colocar o problema é perguntar-se o que é o "presente". Dizemos que as coisas que existem são aquelas no presente: o passado não existe (mais) e o futuro não existe (ainda). Mas na física não há nada que corresponda à noção de "agora". Confrontemos "agora" com "aqui". "Aqui" designa o lugar onde está quem fala: para duas pessoas diferentes, "aqui" indica dois lugares diferentes. Por isso "aqui" é uma palavra cujo significado depende de onde é pronunciada (o termo técnico para palavras desse tipo é "indicial"). Do mesmo modo, "agora" designa o instante em que a palavra é dita ("agora" é também um termo indicial). Ninguém pensaria em dizer que as coisas "aqui" existem, enquanto as coisas que não estão "aqui" não existem. Mas, então, por que dizemos que as coisas que estão "agora" existem e as outras não? O presente é algo objetivo no mundo, que "escoa" e faz "existirem" as coisas uma após outra, ou é apenas subjetivo, como "aqui"?

A questão pode parecer estapafúrdia. Mas a física moderna tornou-a candente, porque a relatividade restrita mostrou que a noção de "presente" também é subjetiva. Físicos e filósofos chegaram à conclusão de que a ideia de um presente comum a todo o universo é uma ilusão, e o "escoar" universal do tempo, uma generalização que não funciona. Quando morre seu grande amigo italiano Michele Besso, Albert Einstein escreve, numa carta comovente à irmã do falecido: "Michele partiu deste estranho mundo, um pouco antes de mim. Isso não significa nada. As pessoas como nós, que creem na física, sabem que a distinção entre passado, presente e futuro não é mais do que uma persistente e obstinada ilusão".

Mas, seja ilusão ou não, o que explica o fato de que para nós o tempo "escoa", "passa", "flui"? O escoar do tempo é patente para cada um de nós: nossos pensamentos e nossa fala existem no tempo, a própria estrutura da nossa linguagem requer o tempo (uma coisa "é", ou "era", ou então "será"). Podemos imaginar um mundo sem cores, sem matéria, até mesmo sem espaço, mas é difícil imaginá-lo sem tempo. O filósofo alemão Martin Heidegger acentuou esse nosso "habitar o tempo". É possível que o fluir do tempo, que Heidegger apresenta como primitivo, fique ausente da descrição do mundo?

Alguns filósofos, entre os quais os mais devotos heideggerianos, concluem daí que a física não é capaz de descrever os aspectos mais fundamentais do real, e a desqualificam considerando-a um modo de conhecimento enganoso. Mas muitas vezes, no passado, nos demos conta de que nossas intuições imediatas é que são imprecisas: se nos ativéssemos a elas, ainda pensaríamos que a Terra é plana e que o Sol gira ao seu redor. As intuições evoluíram sobre a base da nossa limitada experiência. Quando olhamos um pouco mais longe, descobrimos que o mundo não é como nos parece: a Terra é redonda e na Cidade do Cabo eles têm os pés para cima e a cabeça para baixo. Confiar nas intuições imediatas, mais do que nos resultados de um exame coletivo racional, atento e inteligente, não é sabedoria: é a presunção do velhinho que se recusa a acreditar que o grande mundo fora do vilarejo onde vive possa ser diferente daquele que ele sempre viu.

Mas, então, de onde nasce a vívida experiência do fluir do tempo?

A indicação de resposta vem do estreito vínculo entre o tempo e o calor, o fato de que somente quando há fluxo de calor é que o passado e o futuro são diferentes, e do fato de o calor estar ligado às probabilidades em física, e estas, por sua vez, ao fato de nossas interações com o resto do mundo não distinguirem os detalhes finos da realidade.

O fluir do tempo emerge, sim, da física, mas não no âmbito da descrição exata do estado das coisas. Emerge, em vez disso, no âmbito da estatística e da termodinâmica. Essa poderia ser a chave para o mistério do tempo. O "presente" não existe de modo objetivo tanto quanto não existe um "aqui" objetivo, mas as interações microscópicas do mundo fazem emergir fenômenos temporais para um sistema (por exemplo, nós mesmos) que interage somente com médias de miríades de variáveis. Nossa memória e nossa consciência se constroem sobre esses fenômenos estatísticos, que não são invariantes no tempo. Para uma hipotética vista agudíssima que enxergasse tudo, não haveria tempo "que flui" e o universo seria um bloco de passado, presente e futuro. Mas nós, seres conscientes, habitamos o tempo porque vemos somente uma imagem imprecisa do mundo. Se posso roubar palavras do meu editor: "O imanifesto é muito mais vasto do que o manifesto". Desse desfoque do mundo nasce nossa percepção do fluir do tempo.

Claro? Não. Resta muitíssimo a compreender. Um indício para enfrentar o problema vem de um cálculo elaborado pelo físico inglês Stephen Hawking, famoso por ter conseguido continuar fazendo física de qualidade apesar de graves problemas de saúde que o mantêm preso a uma cadeira de rodas e o impedem de falar.

Hawking, usando a mecânica quântica, conseguiu mostrar que os buracos negros são sempre "quentes". Emitem calor como um aquecedor. É o primeiro indício concreto do que é um "espaço quente". Ninguém jamais observou esse calor porque ele é muito débil para os buracos negros reais que vemos no céu, mas o cálculo de Hawking é convincente, foi repetido de muitos modos diferentes, e o calor dos buracos negros é geralmente considerado real.

Pois bem: esse calor dos buracos negros é um efeito quântico sobre um objeto, o buraco negro, que é de natureza gravitacional. São os quanta individuais de espaço, os grãos elementares de espaço, as "moléculas" que ao vibrar aquecem a superfície de um buraco negro e geram o calor dos buracos negros. Mas esse fenômeno envolve ao mesmo tempo a mecânica estatística, a relatividade geral e a ciência do calor. Talvez estejamos começando a compreender a gravidade quântica, que combina duas das três peças do quebra-cabeça, mas ainda não temos o esboço de teoria capaz de juntar as três peças do nosso saber fundamental sobre o mundo, e ainda não compreendemos bem por que esse fenômeno acontece.

O calor dos buracos negros é uma Pedra de Roseta, escrita com base em três línguas — Quanta, Gravidade e Termodinâmica —, que espera ser decifrada, para nos dizer o que é realmente o escoar do tempo.

CONCLUSÃO: NÓS

Depois de ter ido longe, da estrutura profunda do espaço à margem do cosmo que conhecemos, eu gostaria de voltar, antes de concluir esta série de lições, a nós mesmos.

Que lugar temos nós, seres humanos que percebem, decidem, riem e choram, neste grande afresco do mundo que a física contemporânea oferece? Se o mundo é um pulular de efêmeros quanta de espaço e de matéria, um imenso jogo de encaixe de espaço e partículas elementares, o que somos nós? Também somos feitos apenas de quanta e de partículas? Mas, então, de onde vem aquela sensação de existir singularmente e em primeira pessoa, que cada um de nós experimenta? Então o que são os nossos valores, os nossos sonhos, as nossas emoções, o nosso próprio saber? O que somos nós, neste mundo imenso e rutilante?

Não posso nem imaginar a tentativa de responder verdadeiramente a tal pergunta, nestas páginas simples. É uma pergunta difícil. No grande quadro da ciência contemporânea, há muitas coisas que não compreendemos, e uma das que menos compreendemos somos nós mesmos. Mas evitar essa pergunta, e fingir que não é nada, significaria, penso, desprezar algo essencial. Eu me propus a contar como o mundo aparece à luz da ciência, e no mundo também estamos nós.

"Nós", seres humanos, somos antes de mais nada o sujeito que observa este mundo, e autores, coletivamente, desta fotografia da realidade que tentei compor. Somos laços de uma rede de trocas, da qual este livro é uma pecinha, em que nos transmitimos imagens, instrumentos, informações e conhecimento. Mas, do mundo que vemos, somos também parte integrante, não somos observadores externos. Estamos situados nele. Nossa perspectiva dele se origina de dentro. Somos feitos dos mesmos átomos e dos mesmos sinais de luz trocados entre os pinheiros nas montanhas e as estrelas nas galáxias.

À medida que nosso conhecimento cresceu, fomos aprendendo cada vez mais esta noção de sermos parte, e pequena parte, do universo. Isso aconteceu já nos séculos passados, mas cada vez mais no último século. Pensávamos estar sobre o planeta no centro do cosmo, e não estamos. Pensávamos ser uma raça à parte, na família dos animais e das plantas, e descobrimos que somos descendentes dos mesmos genitores de que descende qualquer outro ser vivo ao nosso redor. Temos tataravós em comum com as borboletas e com os pinheiros. Somos como um filho único que cresce e aprende que o mundo não gira somente ao seu redor, como ele pensava quando era pequeno. Ele deve aceitar ser um entre os outros. Ao nos espelharmos nos outros e nas outras coisas, aprendemos quem somos.

Durante o grande idealismo alemão, Schelling podia pensar que o homem representava o vértice da natureza, o ponto máximo onde a realidade toma consciência de si mesma. Hoje, do ponto de vista do nosso saber sobre o mundo natural, essa ideia nos faz sorrir. Se somos especiais, somos tanto quanto cada um pode ser especial para si mesmo, tanto quanto toda mãe é para o seu bebê. Não, certamente, para o resto da natureza. No mar imenso de galáxias e de estrelas, somos um infinitesimal cantinho perdido; entre os infinitos arabescos de formas que compõem o real, não somos mais do que um rabisco entre muitos outros.

As imagens que construímos do universo vivem dentro de nós, no espaço dos nossos pensamentos. Entre essas imagens — entre aquilo que conseguimos reconstruir e compreender com nossos meios limitados — e a realidade da qual somos parte existem filtros incontáveis: nossa ignorância, a limitação dos nossos sentidos e da nossa inteligência, as próprias condições que nossa natureza de sujeitos, e sujeitos particulares, submete à experiência. Tais condições, porém, não são universais, como imaginava Kant, deduzindo daí, em evidente erro, que a natureza euclidiana do espaço e até a mecânica newtoniana deviam ser verdadeiras *a priori*. Elas estão *a posteriori* da evolução mental da nossa espécie, e estão em evolução contínua. Não somente aprendemos, mas aprendemos também a mudar gradualmente nossa estrutura conceitual, e a adaptá-la àquilo que aprendemos. E aquilo que aprendemos a conhecer, embora devagar e tateando, é o mundo real de que somos parte. As imagens que construímos do universo vivem dentro de nós, no espaço dos nossos pensamentos, mas descrevem mais ou menos bem o mundo real do qual somos parte. Seguimos pistas para descrever melhor este mundo.

Quando falamos do Big Bang ou da estrutura do espaço-tempo, o que estamos fazendo não é a continuação dos relatos livres e fantásticos que os homens contavam em torno da fogueira nas noites de centenas de milênios. É a continuação de outra coisa: do olhar daqueles mesmos homens, às primeiras luzes da alvorada, buscando em meio à poeira da savana os rastros de um antílope — observar os detalhes da realidade para deduzir deles aquilo que não vemos diretamente, mas cujos indícios podemos seguir. Conscientes de que podemos sempre nos enganar e, portanto, dispostos a cada instante a mudar de ideia se aparecer um novo indício, mas sabendo também que, se formos competentes, compreenderemos corretamente, e descobriremos. A ciência é isso.

A confusão entre essas duas atividades humanas, inventar narrativas e seguir pistas para encontrar alguma coisa, é a origem da incompreensão e da desconfiança com que uma parte da cultura contemporânea encara a ciência. A separação é sutil: o antílope caçado ao amanhecer não está distante do deus antílope dos contos noturnos. O limite é tênue. Os mitos se nutrem de ciência e a ciência se nutre de mitos. Mas o valor cognitivo do saber permanece. Se encontramos o antílope, podemos comer.

Por conseguinte, o nosso saber reflete o mundo. Faz isso mais ou menos bem, mas reflete o mundo que habitamos.

Esta comunicação entre nós e o mundo não é algo que nos distingue do resto da natureza. As coisas do mundo interagem continuamente umas com as outras, e, ao fazer isso, o estado de cada uma traz indícios do estado das outras com as quais interagiu: nesse sentido, elas continuamente trocam informação sobre si.

A informação que um sistema físico tem sobre outro sistema não tem nada de mental ou de subjetivo, é somente o vínculo que a física determina entre o estado de alguma coisa e o estado de outra. Uma gota de chuva contém informação sobre a presença de uma nuvem no céu, um raio de luz contém informação sobre a cor da substância da qual provém, um relógio tem informação sobre a hora do dia, o vento traz informação sobre um temporal vizinho, um vírus do resfriado tem informação sobre a vulnerabilidade do meu nariz, o DNA das nossas células contém toda a informação sobre nosso código genético, que me faz parecido com meu pai, e meu cérebro pulula de informação acumulada durante a minha experiência. A substância primeira dos nossos pensamentos é uma riquíssima informação reunida, trocada, acumulada e continuamente elaborada.

Mas o termostato do meu aquecedor de ambiente também "sente" e "conhece" a temperatura da minha casa, portanto tem informação sobre ela, e desliga o aquecimento quando está quente o suficiente. Qual é a diferença entre o termostato e eu, que "sinto" e "sei" que faz calor, decido livremente ligar ou não o aquecimento, e sei que existo? Como pode a contínua troca de informação na natureza produzir-nos a nós mesmos e os nossos pensamentos?

O problema está totalmente em aberto, e as possíveis soluções sobre as quais se discute agora são muitas e belas. Esta, creio, é uma das fronteiras mais interessantes da ciência, em que os progressos tendem a ser maiores. Hoje, novos instrumentos nos permitem observar ao vivo a atividade do cérebro e mapear suas intrincadíssimas redes com impressionante precisão. É de 2014 a notícia do primeiro mapeamento completo da estrutura cerebral fina ("mesoscópica") de um mamífero. Ideias precisas sobre a forma matemática das estruturas que podem corresponder à sensação subjetiva da consciência são discutidas não só pelos filósofos, mas também pelos neurocientistas.

Entre as mais belas, em minha opinião, encontra-se a teoria desenvolvida por um brilhante cientista italiano que trabalha nos Estados Unidos,

Giulio Tononi. Chama-se "teoria da informação integrada", e é um esforço por caracterizar de maneira quantitativa a estrutura que um sistema deve ter para ser consciente: um modo, por exemplo, de caracterizar o que de fato muda no mundo físico entre o momento em que estamos despertos (conscientes) e aquele em que estamos adormecidos sem sonhar (não conscientes). É uma tentativa, claro. Ainda não temos uma solução convincente e compartilhada para a pergunta sobre como se forma a consciência de nós mesmos, mas parece-me que a névoa está começando a se dissipar.

Existe uma questão em particular, em relação a nós mesmos, que muitas vezes nos deixa perplexos: o que significa sermos livres para tomar decisões, se nosso comportamento não faz senão seguir as leis da natureza? Será que não há contradição entre nossa sensação de liberdade e a lógica com a qual já compreendemos que se desenvolvem as coisas do mundo? Será que existe em nós alguma coisa que escapa às regularidades da natureza, e nos permite distorcê-las e desviá-las com nosso pensamento livre?

Não, não há nada em nós que escape aos padrões da natureza. Se algo em nós violasse os padrões da natureza, já o teríamos descoberto há tempos. Não há nada em nós que viole o comportamento natural das coisas. Toda a ciência moderna, da física à química, da biologia à neurociência, não faz senão reforçar essa observação.

A solução do equívoco é outra: quando dizemos que somos livres, e é verdade que podemos sê-lo, isso significa que nossos comportamentos são determinados por aquilo que acontece dentro de nós mesmos, no cérebro, e não são induzidos de fora. Ser livre não significa que nossos comportamentos não sejam determinados pelas leis da natureza. Significa que eles são determinados pelas leis da natureza que agem no nosso cérebro. Nossas decisões livres são livremente determinadas pelos resultados das interações fugazes e riquíssimas entre os bilhões de neurônios do nosso cérebro: são livres quando é a interação desses neurônios que as determina.

Isso significa que, quando decido, sou "eu" a decidir? Sim, claro, porque seria absurdo perguntar se "eu" posso fazer algo diferente daquilo que o complexo dos meus neurônios decide fazer: as duas coisas, como havia compreendido com maravilhosa lucidez, no século XVII, o filósofo holandês Baruch Spinoza, são a mesma coisa. Não existem "eu" e "os neurônios do meu cérebro". Trata-se da mesma coisa. Um indivíduo é um processo, complexo, mas estreitamente integrado.

Quando dizemos que o comportamento humano é imprevisível, dizemos a verdade, porque ele é complexo demais para ser previsto, sobretudo por nós mesmos. Nossa intensa sensação de liberdade interior, como Spinoza havia visto de forma perspicaz, vem do fato de que a ideia e as imagens que temos de nós mesmos são extremamente mais toscas e imprecisas do que o detalhe da complexidade daquilo que ocorre dentro de nós. Ficamos espantados conosco. Temos centenas de bilhões de neurônios em nosso cérebro, tantos quantas são as estrelas de uma galáxia, e um número ainda mais astronômico de ligações e combinações em que eles podem se encontrar. De tudo isso, não estamos conscientes. "Nós" somos o processo formado por essa complexidade, não aquele pouco de que estamos conscientes.

Aquele "eu" que decide é o mesmo "eu" que aquela impressionante estrutura que gerencia informação e constrói representações, que é o nosso cérebro, forma — de um modo que, sem dúvida, ainda não nos é totalmente claro, mas que começamos a vislumbrar — a partir do espelhar-se em si mesma, do autorrepresentar-se no mundo, do reconhecer-se como ponto de vista variável colocado no mundo.

Quando temos a sensação de que "sou eu" a decidir, não há nada mais correto: quem mais? Eu, como queria Spinoza, sou o meu corpo e tudo o que acontece no meu cérebro e no meu coração, ambos com sua ilimitada e, para mim mesmo, inextricável complexidade.

A imagem científica do mundo, que descrevi nestas páginas, não está, portanto, em contradição com o nosso sentir a nós mesmos. Não está em contradição com o nosso pensar em termos morais, psicológicos, com nossas emoções e nosso sentimento. O mundo é complexo, nós o capturamos com linguagens diversas, apropriadas para os diversos processos que o compõem. Todo processo complexo pode ser encarado e compreendido com linguagens diversas em níveis diversos. As diversas linguagens se entrecruzam, se entrelaçam e se enriquecem mutuamente, como os próprios processos. O estudo da nossa psicologia se refina compreendendo a bioquímica do nosso cérebro. O estudo da física teórica se nutre da paixão e das emoções que nos acompanham pela vida.

Nossos valores morais, nossas emoções, nossos amores não são menos verdadeiros pelo fato de fazerem parte da natureza, de serem compartilhados com o mundo animal ou por haverem crescido e terem sido determinados ao longo dos milhões de anos da evolução de nossa espécie. Ao contrário, são mais verdadeiros por isto: são reais.

São a complexa realidade de que somos feitos. Nossa realidade são o pranto e o riso, a gratidão e o altruísmo, a fidelidade e as traições, o passado que nos persegue e a serenidade. Nossa realidade é constituída pelas nossas sociedades, pela emoção da música, pelas ricas redes entrelaçadas do nosso saber comum, que construímos juntos. Tudo isso é parte daquela mesma natureza que descrevemos. Somos parte integrante da natureza, somos natureza, em uma de suas inumeráveis e variadíssimas expressões. É isso que nosso conhecimento crescente das coisas do mundo nos ensina.

Tudo o que é especificamente humano não representa nossa separação da natureza, é a nossa natureza. É uma forma que a natureza assumiu aqui em nosso planeta, no jogo infinito de suas combinações, da influência recíproca e da troca de correlações e informação entre suas partes. Quem sabe quantas e quais outras extraordinárias complexidades, em formas que talvez até nem possamos imaginar, existem nos ilimitados espaços do cosmo... Há tanto espaço lá em cima, que é pueril pensar que neste cantinho periférico de uma galáxia das mais banais exista algo especial. A vida na Terra é apenas uma amostra do que pode suceder no universo. Nossa alma não é senão outra amostra.

Somos uma espécie curiosa, a única que restou de um grupo de espécies (o "gênero *Homo*") formado por pelo menos uma dúzia de espécies curiosas. As outras espécies do grupo já se extinguiram; algumas, como os neandertais, há pouco: não faz nem 30 mil anos. É um grupo de espécies que evoluiu na África, afim aos chimpanzés hierárquicos e litigiosos, e mais ainda aos bonobos, os pequenos chimpanzés pacíficos, alegremente promíscuos e igualitários. Um grupo de espécies que saiu repetidamente da África para explorar novos mundos e que chegou longe, até a Patagônia, até a Lua. Não somos curiosos contra a natureza: somos curiosos por natureza.

Cem mil anos atrás, nossa espécie partiu da África, talvez impelida justamente por essa curiosidade, aprendendo a olhar cada vez mais à frente. Sobrevoando a África à noite, eu me perguntei se um daqueles nossos longínquos antepassados, erguendo-se e pondo-se a caminho rumo aos espaços abertos do Norte, e olhando o céu, poderia ter imaginado um distante neto seu voando naquele céu, interrogando-se sobre a natureza das coisas, ainda impelido pela sua mesma curiosidade.

Penso que nossa espécie não durará muito. Ela não parece ter a resistência das tartarugas, que continuaram existindo semelhantes a si mesmas por centenas de milhões de anos, centenas de vezes mais do que nós temos existido. Pertencemos a um tipo de espécie de vida breve. Nossos primos já estão todos extintos. E nós causamos danos. As mudanças climáticas e ambientais que deflagramos foram brutais, e dificilmente nos pouparão. Para a Terra, será um pequeno clique irrelevante, mas penso que não passaremos incólumes por ele; ainda mais quando a opinião pública e a política preferem ignorar os perigos que estamos correndo e enfiar a cabeça na areia. Talvez sejamos sobre a Terra a única espécie consciente da inevitabilidade de nossa morte individual: temo que em breve nos tornaremos também a espécie que conscientemente verá chegar o próprio fim, ou pelo menos o fim da própria civilização.

Assim como sabemos enfrentar, mais ou menos bem, nossa morte individual, também enfrentaremos a ruína da nossa civilização. Não é muito diferente. E, sem dúvida, não será a primeira civilização a desmoronar. Os maias e os cretenses já passaram. Nascemos e morremos como nascem e morrem as estrelas, tanto individual quanto coletivamente. Essa é nossa realidade. Para nós, justamente por sua natureza efêmera, a vida é preciosa. Porque, como escreve Tito Lucrécio, "nosso apetite de vida é voraz, nossa sede de vida, insaciável" (*De rerum natura*, III, 1084).

Mas, imersos nessa natureza que nos fez e que nos leva, não somos seres sem casa, suspensos entre dois mundos, partes somente em parte da natureza, com a nostalgia de algo mais. Não: estamos em casa.

A natureza é nossa casa e na natureza estamos em casa. Este mundo estranho, diversificado e assombroso que exploramos, onde o espaço se debulha, o tempo não existe e as coisas podem não estar em lugar algum, não é algo que nos afasta de nós: é somente aquilo que nossa natural curiosidade nos mostra da nossa casa. Da trama da qual somos feitos nós mesmos. Somos feitos da mesma poeira de estrelas de que são feitas as coisas, e quer quando estamos imersos na dor, quer quando rimos e a alegria resplandece, não fazemos mais do que ser aquilo que não podemos deixar de ser: uma parte do nosso mundo.

Lucrécio diz isso com palavras maravilhosas:

... nascemos todos do sêmen celeste;
    temos todos o mesmo pai,
de quem a terra, a mãe que nos alimenta,
    recebe límpidas gotas de chuva,
e produz então o luminoso trigo,
    e as árvores viçosas,

e a raça humana,
    e as estirpes das feras,
oferecendo os alimentos com os quais todos
    nutrem os corpos,
para levar uma vida doce
    e gerar a prole...

(II, 991-997)

Por natureza, amamos e somos honestos. E, por natureza, queremos saber mais. E continuamos a aprender. Nossa consciência do mundo continua a crescer. Existem fronteiras, nas quais estamos aprendendo, e onde arde nosso desejo de saber. Elas estão nas profundezas mais diminutas da textura do espaço, na origem do cosmo, na natureza do tempo, na existência dos buracos negros e no funcionamento do nosso próprio pensamento.

À beira daquilo que sabemos, em contato com o oceano do desconhecido, reluzem o mistério e a beleza do mundo. E é de tirar o fôlego.

ÍNDICE REMISSIVO

1ª EDIÇÃO [2015] 6 reimpressões

ESTA OBRA FOI COMPOSTA PELA ABREU'S SYSTEM EM ADOBE GARAMOND
E IMPRESSA EM OFSETE PELA LIS GRÁFICA SOBRE PAPEL PÓLEN BOLD
DA SUZANO S.A. PARA A EDITORA SCHWARCZ EM AGOSTO DE 2021

A marca FSC® é a garantia de que a madeira utilizada na fabricação do papel deste livro provém de florestas que foram gerenciadas de maneira ambientalmente correta, socialmente justa e economicamente viável, além de outras fontes de origem controlada.